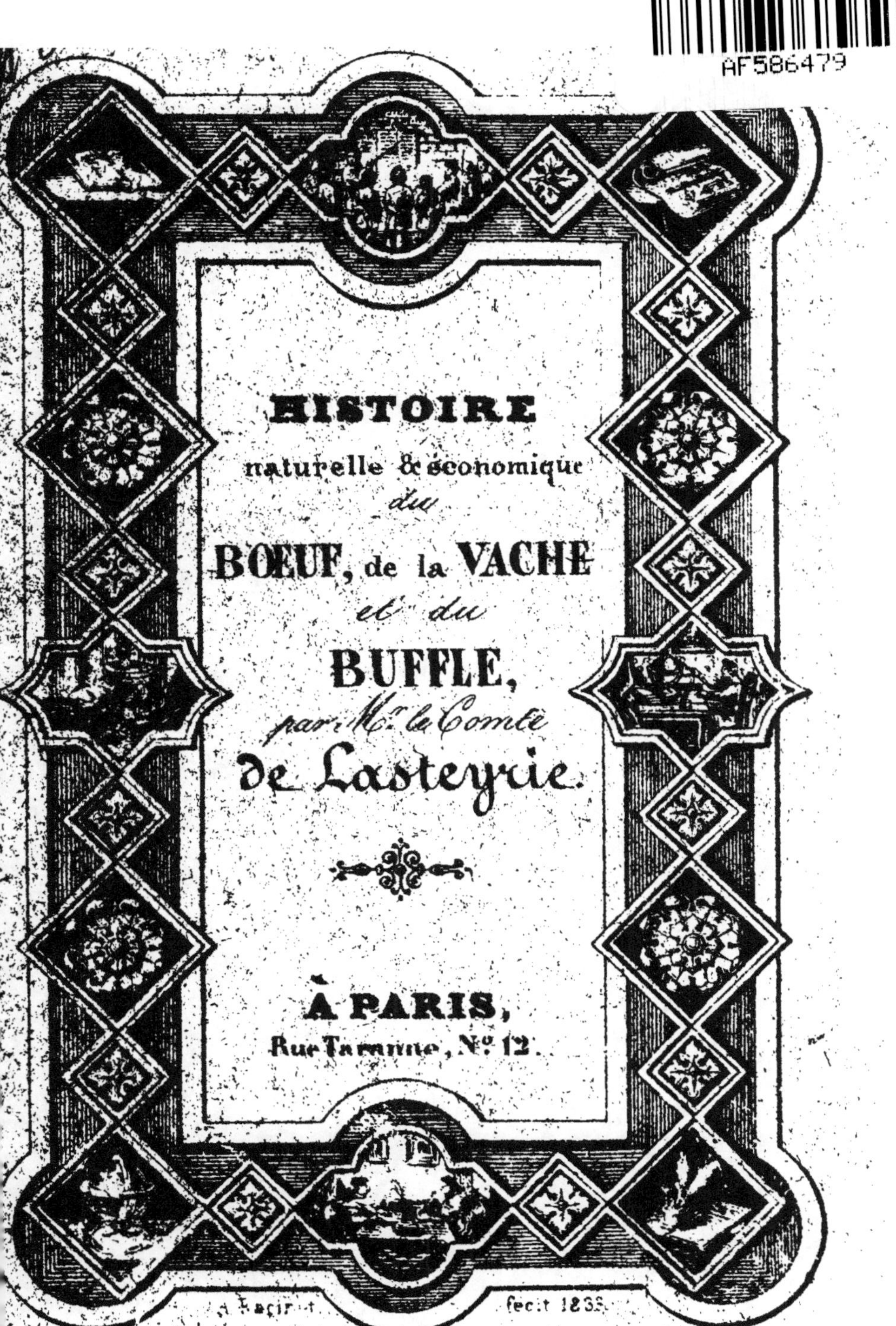
HISTOIRE
naturelle & économique
du
BOEUF, de la VACHE
et du
BUFFLE,
par M.r le Comte
de Lasteyrie.
À PARIS,
Rue Taranne, N.o 12.

HISTOIRE NATURELLE

ET ÉCONOMIQUE

DU BOEUF, DE LA VACHE ET DU BUFFLE,

AVEC FIGURES.

PAR M. C. P. DE LASTEYRIE.

PARIS.

RUE TARANNE, N° 12.

1834

IMPRIMERIE DE E. DUVERGER
RUE DE VERNEUIL, N° 4

HISTOIRE NATURELLE

ET ÉCONOMIQUE

DU BOEUF.

CHAPITRE Ier.

Du bœuf en général.

On désigne sous la dénomination de bœuf le taureau et la vache, quadrupèdes ruminans ayant des mamelles, et de temps immémorial soumis à la domesticité. C'est peut-être de tous les animaux le plus utile; il est employé dans tous les pays à la culture des terres, et il fournit à l'homme un aliment sain et abondant; il sert au transport des marchandises, et même comme bête de somme dans quelques contrées. Le buffle, qui vit sauvage dans plusieurs parties de l'Asie et de l'Afrique, ressemble beaucoup au bœuf. Il a été, comme ce dernier, dompté par l'homme, et employé aux mêmes usages. D'une nature sauvage et féroce, il est beaucoup moins docile que le bœuf. Sa chair est noire, coriace et de mauvais goût; son lait est estimé, et on en fait de très bons fromages.

Il existe une autre espèce de bœufs nommés vaches du Thibet, très commune dans le nord de l'Asie; au Thibet et dans la Tartarie ils rendent de très grands services aux habitans de ces contrées, qui les emploient comme bêtes de somme, et tirent un grand parti de leur laitage, dont ils forment un beurre excellent. Ces animaux, dont le corps est couvert d'une toison épaisse, portent à l'extrémité de leur queue une touffe de poils longs, fins et soyeux, d'une grande valeur chez les Chinois. Les gens riches l'emploient à orner leur coiffure après l'avoir fait teindre de diverses couleurs.

Le bison d'Amérique est encore une espèce de bœufs qui vit en grandes troupes dans le nord de l'Amérique, et qui n'a pas encore été réduite à l'état de domesticité. Il en existe un au Jardin des Plantes de Paris. Il est plus fort et beaucoup plus grand que nos bœufs ordinaires, il pèse jusqu'à quinze cents livres. Il faut espérer que cet animal sera un jour apprivoisé et que notre agriculture en tirera de grands avantages. Il porte sur les épaules une grosse loupe ou bosse recouverte, ainsi que plusieurs autres parties de son corps, d'un poil noirâtre, long, touffu et laineux.

Il existait anciennement dans les forêts de la Germanie ou Allemagne, une espèce de bœuf sauvage et très féroce nommé *urus*, dont l'espèce, presque entièrement détruite, ne se rencontre plus aujourd'hui que dans quelques cantons de la Pologne et de la Russie.

Le bœuf domestique comprend deux variétés principales, également remarquables l'une et l'autre par l'utilité qu'on en retire; le bœuf sans bosse, celui que nous possédons en France et dans toute l'Europe, et qui se trouve aussi dans les autres parties du monde, et le bœuf zébu qui porte une ou deux bosses sur le garrot. La taille de ce dernier est en général beaucoup plus petite que celle de nos bœufs, et souvent elle ne dépasse pas la hauteur d'un gros chien. Cette variété est très répandue aux Grandes-Indes, en Perse et dans la partie méridionale de l'Afrique. Le zébu est très docile; on l'emploie principalement comme bête de somme pour le transport des hommes et des marchandises. Son lait et sa chair servent également à la nourriture de l'homme.

Le bœuf ordinaire a accompagné l'homme dans presque toutes les contrées du globe; il est élevé sous des températures différentes, dans les plaines ou sur les montagnes, dans les lieux secs ou humides, où il a été soumis à différens régimes et alimenté avec des substances de différente nature. Il a, ainsi que tous les animaux domestiques, éprouvé des modifications qui ont apporté une grande variété dans sa taille, dans ses formes, dans ses qualités et dans ses habitudes primitives.

L'homme, ayant remarqué dans quelques individus des qualités mieux appropriées à ses besoins, en a propagé l'espèce de préférence à tous autres, et a développé à un plus haut degré, par des croisemens, ces mêmes qualités. Ayant ainsi formé des races plus parfaites, il les a maintenues dans cet état en continuant toujours les mêmes soins. C'est par cette raison qu'il existe des races plus vigoureuses et qui ont le pas plus allongé pour le labourage ou pour le tirage des voitures; d'autres ont une chair plus tendre et plus succulente; celles-ci coûtent moins à nourrir ou s'engraissent plus facilement et plus promptement; celles-là ont des os plus petits, proportionnellement à la quantité de chair qu'elles produisent; d'autres enfin donnent une plus grande quantité de lait, plus de beurre ou plus de fromage. Ainsi on a trouvé que des vaches qui avaient une grande disposition à devenir grasses donnaient une moindre quantité de lait. C'est l'ignorance ou le défaut de soins, et trop souvent la misère des cultivateurs, qui se sont opposés en France à l'amélioration de nos races. Aussi trouve-t-on dans presque toutes nos campagnes des bestiaux chétifs et peu appropriés aux besoins de notre agriculture.

Il existe cependant parmi nous, dans quelques cantons où l'éducation des bestiaux a été mieux soignée, des variétés de bœufs remarquables par leurs qualités, tels sont les bœufs du Limousin, de la Normandie, des bords de la Garonne, de l'Auvergne, du Bourbonnais, de l'Anjou, etc. Les bœufs de la vallée d'Auge, sur les rives de la Garonne, appartiennent à la plus belle race de France; ils pèsent jusqu'à 1,200 livres; tandis que les bœufs ordinaires ne pèsent que 7 à 800 livres, on en trouve même qui ne pèsent que 350 livres. Les bœufs de la Camargue, pays situé à l'embouchure du Rhône, sont remarquables en ce qu'ils vivent dans l'état sauvage, abandonnés à eux-mêmes et sans gardien. On les emploie cependant au travail de la terre dans la saison des labours; quoique petits ils sont forts et marchent d'un pas agile et accéléré. Des hommes à cheval vont les chercher dans leurs pacages solitaires, les conduisent à la ferme où on les attelle à la charrue; on les renvoie aussitôt que le travail est terminé. Ces animaux sont farouches et il serait dangereux de les rencontrer dans leurs pâturages. Les plus sauvages d'entre eux servent aux combats de taureaux, que l'on donne de temps en temps dans les arènes de Nîmes. Leur chair coriace et filandreuse se vend très bon marché.

Les vaches les plus estimées en France sont celles de la Normandie, du Poitou, de la Bretagne, etc.

La Suisse, l'Allemagne et surtout l'Angleterre, possèdent différentes races de bêtes à cornes très estimées. Ce dernier pays en est redevable aux soins particuliers et à l'intelligence qu'on a su apporter dans le croisement et l'amélioration des races, soit avec les individus du pays, soit avec ceux qu'on a tirés de l'étranger. Les bœufs de la Campagne de Rome sont remarquables par leurs cornes, qui parviennent souvent à la longueur de trois ou de trois pieds et demi. On les voit figurés sur le titre de cet ouvrage. Les bœufs de l'Ukraine surpassent en grandeur tous ceux d'Europe. L'Espagne fournit les animaux les plus courageux pour les combats de taureaux dont nous parlerons plus bas.

Ce qui distingue les bœufs des autres quadrupèdes, c'est la grandeur de leur taille, l'épaisseur de leurs membres, et surtout le fanon ou large repli de la peau qui pend dans la longueur du col et descend jusqu'aux genoux, entre les jambes de devant. Ils ont deux cornes coniques, lisses, prenant différentes directions; on trouve cependant quelques races sans cornes. La Norwège est le seul pays de l'Europe où les bœufs et les vaches soient en général privés de cornes, La queue des bœufs est longue, se terminant par un flocon de longs poils; ils ont quatre mamelles situées entre les cuisses ; quelques vaches en ont une cinquième et même une sixième, mais qui, n'ayant pas de conduit, ne donnent pas passage au lait. Leur muffle ou museau est large et épais; leurs mâchoires sont garnies chacune de douze dents molaires, six de chaque côté ; elles n'ont point de dents canines; la mâchoire supérieure est privée de dents incisives; l'inférieure en a huit, dont celles du milieu, plus grandes que les autres, sont minces et tranchantes. La langue est toute hérissée de petits crochets dirigés en arrière qui la rendent rude et raboteuse. Les oreilles sont dans une direction horizontale. Les jambes courtes, proportionnellement au corps, sont garnies chacune sur le derrière de deux ergots; les pieds terminés par deux ongles d'une matière analogue à celle de la corne, mais moins dure; ils ont une couronne de poils, semblable à celle du cheval; leur croupe n'est point arrondie comme celle de ce dernier animal: les hanches sont plates et larges.

L'organisation intérieure du bœuf est remarquable en ce qu'il a quatre estomacs, ou plutôt un seul estomac composé de quatre cavités, nécessaires à la digestion des végétaux dont il s'alimente. Le premier de ces estomacs se nomme la *panse*; le second, qui n'est que la continuation du premier, est désigné sous le nom de *réseau*; le troisième, sous celui de *feuillet*, enfin le quatrième, ou le véritable estomac, s'appelle *caillette*. Le mécanisme de ces estomacs sert à la rumination qui n'est qu'un vomissement sans effort produit au moyen de la contraction d'une membrane qui tapisse le feuillet. Les alimens que prend le bœuf, étant imparfaitement mâchés, descendent dans la panse et le réseau, où ils éprouvent un commencement de fermentation, et d'où ils sont repoussés successivement et conduits dans la bouche de l'animal, qui les mâche de nouveau, les tri ture entre ses dents molaires et les imbibe de sa salive. Dans cet état de division et de liquidité, ils descendent dans le troisième estomac, passent peu de temps après dans le quatrième où ils achèvent de se décomposer et forment une liqueur mucilagineuse dont se compose le sang, qui, à son tour, porte la nutrition et la vie dans toutes les parties du corps de l'animal. Les bœufs, après avoir pris une certaine quantité d'alimens, se couchent, ruminent ou mâchent les alimens qu'ils font remonter dans leur bouche. Ils boivent en humant l'eau ainsi que les chevaux; ils dorment peu et ont le sommeil léger.

Il paraît que la couleur naturelle du bœuf est fauve, mais la domesticité a fait varier cette couleur dans presque toutes les races. On en trouve de bruns, de noirs, de gris, de blancs et de couleurs plus ou moins mélangées.

Le bœuf, dont la vie dure environ quinze ans, parvient à sa plus grande force de cinq à sept ans. On le met au travail à l'âge de deux à quatre ans, jusqu'au moment où on l'engraisse pour la boucherie, ce qui arrive communément à l'âge de six à neuf ans.

On élève dans quelques pays des bœufs qui ne travaillent pas, étant uniquement destinés à la boucherie; alors on les tue à deux ou trois ans. L'on reconnaît l'âge du bœuf à ses dents et à ses cornes. Il perd à dix mois les deux dents incisives du milieu, qui sont remplacées par deux autres dents moins blanches, mais plus larges. A seize mois, les deux dents de lait voisines de ces dernières tombent pareillement et sont remplacées comme les précédentes ; les autres dents continuent à tomber ainsi de six mois en six mois, de sorte qu'à l'âge de trois ans toutes les incisives sont renouvelées. Ces dents deviennent noires et irrégulières à proportion que le bœuf avance en âge. On reconnaît aussi l'âge par les cornes qui poussent à la seconde année, et dont les bourrelets qui se forment chaque année à leur base en sont un indice certain.

Le bœuf mange moins à proportion que le cheval, et il se contente des fourrages et des pacages les plus ordinaires. Il est nécessaire pour l'entretenir en bonne santé de lui donner, avec les fourrages secs, des plantes en vert ou des racines, tels que raves, navets, betteraves, choux, pommes de terre; il aime beaucoup les feuillages de la vigne, de l'orme, du frêne, du peuplier, du chêne, etc. Il se contente de paille lorsqu'elle est mélangée avec du son, des fèves concassées ou des grains de différentes espèces. Le maïs en fourrage est une nourriture qu'il aime beaucoup et qui lui donne des forces. Le sel entretient l'appétit et la santé du bœuf ainsi que celle des autres animaux; il corrige les qualités nuisibles des fourrages avariés et prévient beaucoup de maladies chez les bestiaux. C'est pour cela que l'impôt sur le sel est funeste à notre agriculture, et par suite à la prospérité publique.

On donne aux vaches la même nourriture qu'aux bœufs, mais elle doit être plus abondante, afin que la quantité de lait soit plus considérable et que la qualité en soit meilleure.

Le bœuf, comme tous les animaux dont on veut tirer du profit, doit non-seulement être bien nourri, mais il faut le tenir proprement dans des étables bien aérées et chaudes en hiver. En Suisse et dans quelques autres pays, on a la bonne habitude d'étriller chaque jour les bœufs et les vaches.

Le bœuf est employé plus généralement dans le labourage que ne l'est le cheval, et il est surtout propre à la culture des terres dans les pays montueux. Il améliore les pâturages sur lesquels on le conduit habituellement, tandis que le cheval et le mouton les appauvrissent. La raison en est que le cheval ayant des dents incisives à la mâchoire supérieure comme à la mâchoire inférieure, choisit de préférence les herbes fines qu'il coupe ras du sol, et dédaigne les herbes grossières qui, par leur croissance, étouffent les premières et envahissent promptement tout le terrain. Quant au mouton, quoiqu'il n'ait pas de dents à la mâchoire supérieure, la forme étroite et pointue de son museau et le peu d'épaisseur de ses lèvres lui permettent de choisir les herbes les plus fines et les plus succulentes. Ainsi il abandonne les plantes coriaces et grossières qui étouffent promptement les autres. Mais tout le contraire arrive avec les bœufs ou les vaches : ayant des lèvres fort épaisses et un mufle très développé; comme il est dépourvu de dents incisives, il ne peut couper les herbes de si près, ni choisir celles qui lui conviendraient le mieux; il est ainsi obligé de manger tout ce qui se présente, d'où il résulte une grande amélioration dans les prairies et dans les pâturages. Cependant on ne doit jamais les y mettre lorsque le sol est humide, car leurs pieds, enfonçant dans la terre par la pesanteur de leur corps, y laisseraient des creux où l'herbe fine ne pousserait pas, et où le séjour des eaux donnerait naissance à des plantes de mauvaise qualité.

L'éducation du bœuf et son emploi en agriculture présentent d'autres avantages.

Sa nourriture et son entretien sont moins dispendieux que ceux du cheval. Il se contente en effet de fourrages moins délicats, et il n'a pas besoin d'être alimenté avec de l'avoine. Il peut se dispenser de ferrure, ses harnais sont beaucoup moins coûteux; et, ce qui est d'une grande importance, il donne à l'homme, après sa mort, une masse considérable d'alimens très sains et très nutritifs. Dans un pays où tous les labours s'exécuteraient avec des bœufs, le peuple serait mieux nourri et à meilleur marché. Cette considération seule devrait faire donner la préférence au bœuf dans les travaux de la culture. Il a cependant l'inconvénient de faire beaucoup moins d'ouvrage que le cheval, sa marche étant beaucoup plus lente. C'est pour cette raison qu'il est rarement employé pour le transport des marchandises.

On commence à le soumettre au joug dès l'âge de deux ou trois ans. Le joug est un instrument que l'on attache avec des courroies sur la tête de deux bœufs qui doivent tirer ensemble une charrue ou une charrette. On les habitue promptement à ce travail, en les traitant avec douceur et en ne leur imposant d'abord qu'un léger exercice. Quelques personnes emploient des colliers au lieu de joug dans l'attelage des bœufs. Il paraît que le collier qui ne gêne pas les mouvemens du bœuf doit être préféré au joug.

CHAPITRE II.

De la vache et de ses produits.

Quoique la vache ne soit pas employée communément aux travaux de l'agriculture comme l'est le bœuf, elle nous rend cependant chaque jour des services que nous ne saurions trop apprécier. Non-seulement elle enrichit par ses produits les fermiers qui cultivent une certaine étendue de terre, mais encore elle fait la richesse et le bien-être d'un grand nombre de familles qui vivent presque entièrement de son laitage. Elle engraisse, avec le produit de son fumier, la modique portion de terre qu'elles possèdent. Mais les vaches, ainsi que tous les autres animaux domestiques, ne donnent de bons bénéfices qu'autant qu'elles sont bien soignées et bien nourries. Elles doivent être tenues proprement dans des étables bien aérées, c'est-à-dire où l'air puisse circuler au moyen de fenêtres ou d'ouvertures pratiquées dans deux côtés opposés de l'étable. On bouche une ou plusieurs de ces ouvertures pendant les gelées de l'hiver, afin de maintenir habituellement l'air intérieur à une douce température.

En Suisse et en Hollande, où l'éducation des vaches est très soignée, on les étrille chaque jour et on les tient dans une grande propreté, même dans les cantons où le manque de paille ne permet pas de leur faire une litière. Des rigoles pratiquées avec soin servent à l'écoulement des urines qui se rendent dans des citernes, où elles subissent une fermentation après avoir été mélangées avec de l'eau. Cet engrais liquide est excellent pour les prairies et autres genres de culture.

Les vaches produisent communément leur premier veau à l'âge de deux ans et demi ou trois ans. Comme il importe beaucoup d'obtenir de ces animaux la plus grande quantité de lait possible, on ne conserve les veaux que jusqu'à l'âge d'un mois. Cependant, si l'on veut avoir des veaux de meilleure qualité, on ne les livre au boucher qu'à l'âge de deux et même de trois mois, et l'on ajoute alors au lait de la mère des farines de grains et souvent même le lait d'une autre vache.

On trait communément les vaches deux fois par jour, et dans quelques lieux jusqu'à trois fois. Le lait reçoit des destinations différentes selon les localités. Auprès des villes, il se consomme en nature pour l'usage des tables. Il sert à la nourriture des habitans des campagnes dans beaucoup d'endroits. On l'emploie dans quelques fermes à la confection du fromage, dans d'autres, à celle du beurre. Dans les pays de montagnes où les pâturages sont abondans et de bonne qualité, on envoie dans la belle saison une grande quantité de vaches dont le lait est employé à la fabrication du fromage. C'est ainsi que cela se pratique en France sur les montagnes d'Auvergne, en Suisse et dans d'autres pays. La Hollande, pays humide et abondant en prairies, fournit aussi au commerce une grande quantité de fromages et de beurre. La Normandie, dont le sol et le climat sont très favorables à la production des herbages, produit une grande quantité de beurre. En général, toutes les fermes du nord de la France entretiennent une certaine quantité de vaches, tant pour leur propre consommation en lait, fromage et beurre, que pour celle des villes.

Il importe, dans la fabrication du fromage, comme dans celle du beurre, d'avoir des laiteries tenues dans un grand état de propreté et de fraîcheur.

On les construit pour cela dans des lieux bas, de manière cependant qu'on puisse y faire circuler l'air. Elles doivent être chaudes en hiver et fraîches en été. Les vases qui contiennent le lait, ceux qui sont destinés à faire monter la crème, ainsi que tous les ustensiles et les différentes parties de la laiterie, doivent être lavés à l'eau chaude chaque jour et tenus avec un grand soin, sans quoi le lait s'aigrit, et le fromage et le beurre qui en proviennent sont toujours d'une qualité inférieure.

Les produits d'une laiterie sont le lait, la crème, le beurre et le fromage. On trait les vaches une fois le matin et une fois le soir. La fille de basse-cour, assise sur un tabouret, emploie à cet effet un vase quelconque qui ne doit pas servir à d'autres usages. Elle apporte immédiatement le lait à la laiterie, et le met dans les vases destinés à le conserver ou à laisser monter la crème. Le produit ordinaire d'une vache convenablement nourrie est de douze pintes, c'est-à-dire de vingt-quatre livres. Les meilleures races, abondamment nourries et bien soignées, donnent jusqu'à vingt-quatre pintes. Le lait de vache est une des nourritures les plus saines et qui réussit bien à presque tout le monde, surtout lorsqu'on le prend sans le mélanger dans l'estomac avec d'autres substances. C'est l'aliment le plus salutaire pour les enfans et les vieillards. Il forme la nourriture principale de plusieurs peuples, et c'est de toutes les espèces de lait le plus nutritif, le plus abondant en fromage et en beurre. On le prépare dans nos cuisines sous différentes formes et avec différentes substances. La consommation en a beaucoup augmenté depuis qu'on a pris l'usage du café ou du thé. Il est ordonné dans plusieurs maladies comme moyen curatif. Il trouve même d'utiles applications dans les arts, comme dans le blanchiment des toiles, la clarification des liqueurs, l'encolage, etc.; enfin c'est du lait que nous retirons le beurre et le fromage, dont la plupart des nations font une consommation considérable.

Crème. Pour obtenir toute la crème contenue dans le lait, on dépose cette dernière liqueur dans des vases d'un grand diamètre et d'une petite hauteur. La crème qui se sépare des parties constituantes du lait, à savoir le petit-lait et sa partie caséeuse, parvient plus facilement et plus promptement à la surface, lorsqu'elle n'a qu'un court espace à traverser. On enlève cette crème à mesure qu'elle se forme, et on en réunit une assez grande quantité pour pouvoir en faire du beurre. On n'écrème ordinairement le lait que douze heures après la traite, en été, et vingt-quatre heures en hiver.

Beurre. Pour faire du beurre, on jette la crème dans la baratte, en faisant tourner cet instrument par un mouvement modéré et non interrompu. Cette opération dure plus ou moins, selon que le temps est plus ou moins chaud. On chauffe la baratte en hiver au moyen de l'eau chaude, et on la baigne dans l'eau froide en été afin d'accélérer la formation du beurre. Lorsque le beurre est séparé en petite masse de la partie laiteuse, on le pétrit dans l'eau pour en dégager entièrement cette partie qui deviendrait acide et le ferait rancir. Une des causes pour lesquelles le beurre n'a pas toute la délicatesse qu'on pourrait lui donner, c'est qu'on a coutume, dans presque toutes les fermes, de ne battre la crème qu'après huit jours de conservation. Elle s'aigrit et communique un mauvais goût au beurre qui en est formé. La bonne qualité du beurre tient moins à la nature des pâturages qu'aux soins apportés dans sa confection. Dix-huit livres de lait donnent une livre de beurre environ, ce qui doit être le produit journalier d'une vache bien nourrie et bien soignée. Le beurre fait en hiver est plus pâle que le beurre d'été. Comme celui de couleur jaune est généralement préféré dans le commerce, on lui donne cette teinte en mettant dans la baratte des fleurs de soucis ou tout autre végétal propre à donner la même couleur.

On conserve le beurre nouvellement venu du marché, en le tenant dans un lieu frais, en le mettant dans de l'eau fréquemment renouvelée, ou en le privant de la lumière au moyen d'un linge mouillé. Mais on prend d'autres moyens, lorsqu'il s'agit de le conserver pendant des mois ou même des années entières. Alors on le sale ou on le fait fondre. On emploie, pour la première opération, du sel que l'on égruge bien fin après l'avoir fait sécher au four.

On étend sur une table le beurre en plaques peu épaisses, et on le saupoudre avec le sel dans la proportion d'une à deux onces par livre de beurre, selon que celui-ci doit être conservé plus ou moins longtemps. On le pétrit avec soin, afin que le sel soit réparti également dans toute sa masse; et on le met dans des pots de grès en le bien foulant. Comme le beurre se tasse par l'effet du sel et qu'il laisse des interstices entre les parois du vase, on le foule de nouveau au bout de huit jours, et on le couvre d'une couche de sel épaisse de deux doigts. Celui qui est destiné pour la marine ou pour les colonies, se met dans des tonneaux dont le transport est plus facile. On a l'habitude en Flandre de saler légèrement le beurre que l'on apporte au marché, et dont on fait usage dans la consommation journalière.

Des fromages. Si le beurre procure une substance si utile dans l'assaisonnement de nos mêts, le fromage, dont la propriété alimentaire est encore plus considérable que celle du beurre, nous présente une plus grande ressource pour la nutrition du peuple, car il forme avec le pain les repas d'une portion notable de la population des campagnes, et même des villes. Aussi n'est-il pas de pays en Europe où il ne s'en fabrique des quantités plus ou moins considérables; de là cette diversité dans la forme, la qualité, la couleur et le goût qu'offrent les différentes espèces de fromages. Chaque pays en produit qui ont plus ou moins de réputation, et plus de vogue dans le commerce. La Suisse, contrée montueuse et riche en pâturage, fabrique une grande quantité de fromages qui trouvent leur débit dans toute l'Europe; la Hollande, dont le sol humide est couvert de prairies, jouit du même avantage, aussi bien que l'Angleterre qui produit une grande variété de fromages très renommés.

Nous ne sommes pas moins riches dans ce genre en France, et notre fromage de Roquefort semble avoir acquis la prééminence sur tous les autres, même de l'aveu des étrangers.

Le fromage est le produit du lait qu'on a fait cailler, en le prenant tel que la nature le donne, ou après que la crème en a été séparée. Dans le dernier cas, le fromage, privé de la partie grasse et bitureuse du lait, est plus sec, plus maigre et beaucoup moins savoureux. Pour faire cailler le lait, on y délaie de la présure, substance qui jouit de cette propriété, et que l'on trouve dans l'estomac du veau, nommé *caillet*. Au bout de quelques heures de repos, le lait se trouve pris et forme ce qu'on nomme le caillé; et peu de temps après, la partie aqueuse ou petit-lait qu'il contient s'en sépare naturellement. Alors on prend le caillé, on le dépose dans des moules qui laissent échapper par de petites ouvertures le reste de petit-lait qu'il contient, jusqu'à ce qu'il prenne de la consistance, et qu'on puisse le retourner, pour le saler et pour le faire sécher également dans toutes ses parties, en le mettant sur des clayons ou sur des tablettes. Telle est en général la méthode de procéder dans la confection du fromage. On met le lait sur le feu avant de le faire cailler, dans la fabrication de quelques espèces de fromage, tels que ceux de Gruyère et de Hollande. On les soumet à la pression, afin de les débarrasser plus promptement du petit-lait, ce qui est d'autant plus nécessaire qu'ils sont très gros, pesant quelquefois jusqu'à vingt livres. Les fromages faits avec le lait dont on a enlevé la crème sont secs et peu savoureux. Leur usage est très commun dans nos campagnes, où on les mange généralement lorsqu'ils sont encore mous, en les étendant sur le pain. On prépare au contraire pour les tables plus recherchées, de petits fromages, uniquement composés de crème qu'on épaissit par le battage, et que l'on met dans des moules. Tels sont ceux de Viry en Normandie. Ce que l'on sert aussi sur nos tables, sous le nom de fromage à la crème, est un caillé plus ou moins mélangé de crème, sur lequel on verse de la crème liquide. Le caillé proprement dit, qui n'est que du lait coagulé, offre, surtout en été, un aliment agréable et rafraîchissant. Le petit-lait qui sort du fromage est une boisson très rafraîchissante; les porcs en sont très friands.

On confectionne dans quelques localités des fromages où il entre du lait de chèvre ou de brebis, mélangé avec celui de vache; tel est celui de Sassenage, qui est l'un des meilleurs de France.

La vache, outre les produits en laitage dont nous venons de parler, donne aussi un engrais précieux pour la fertilité des terres. On la soumet aussi au labour dans quelques cantons de la France, quoiqu'elle ne soit pas aussi vigoureuse que les bœufs; mais alors elle produit moins de lait. Sa viande, quoique moins délicate que celle du bœuf, fournit un bon aliment.

On engraisse communément les bœufs lorsqu'ils ont atteint l'âge de sept ans et même de dix, soit en les faisant paître dans de bons pâturages, comme en Normandie, soit à l'étable, comme en Anjou. On réunit dans d'autres lieux ces deux méthodes à la fois, comme dans le Limousin et dans un grand nombre d'autrès localités. Les alimens les plus propres à les engraisser sont les foins de bonne qualité, le maïs en vert, les choux, les raves ou navets, les châtaignes, les tourteaux de plantes oléagineuses, les grains de diverses espèces. L'engraissement des bœufs dure environ cinq mois; ils sont alors propres à la boucherie ou à la salaison.

La salaison des bœufs est d'une grande importance pour la navigation, puisque, dans les voyages de long cours, les équipages ne pouvant avoir de la viande fraîche, sont réduits à ne manger que de la viande salée, soit de bœuf, soit de porc; aussi la consommation en est-elle considérable. On la prépare en grande quantité en Angleterre, en Hollande, à Hambourg. Le bœuf salé et fumé qui se prépare dans cette ville est très estimé. Celui des environs de Cork, en Irlande, a aussi beaucoup de réputation, et se débite non-seulement en Angleterre, mais dans d'autres pays. Il est à regretter que ce genre d'industrie, si avantageux à l'agriculture et à la navigation, soit presque totalement inconnu en France, et qu'il nous faille avoir recours à l'étranger.

L'éducation des bestiaux est très négligée en France, car quoique le peuple consomme beaucoup moins de viande qu'en Angleterre et en Allemagne, les bœufs que l'on nourrit dans nos départemens ne suffisent pas à nos besoins. Paris seul est le centre d'une énorme consommation, que l'on calcule être annuellement de plus de 200,000 bœufs, vaches ou veaux. Le nombre des peaux de ces mêmes animaux, préparé dans nos tanneries, s'élève à environ cinq millions, dont nous tirons une grande partie de l'étranger. Les peaux de bœufs nous arrivent principalement de Buénos-Ayres, dans le sud de l'Amérique. Les vastes contrées de ce pays sont peuplées de bœufs devenus sauvages qui ont remplacé les anciens habitans exterminés par la férocité des conquérans espagnols.

Des cavaliers, armés d'une longue lance, poursuivent ces animaux au milieu des pâturages où ils se nourrissent, et leur lancent à une certaine distance une pierre ronde, de la grosseur d'une pomme, et attachée à une longue courroie. L'animal, arrêté par cette courroie qui s'entortille autour de la jambe, tombe par terre, et est aussitôt mis à mort, ou reçoit un coup de sabre qui lui coupe le jarret et le met hors d'état de fuir. Après avoir abattu ainsi un certain nombre de bœufs, les chasseurs reviennent sur leurs pas, les écorchent et abandonnent leurs cadavres, qui deviennent la proie des oiseaux et de bêtes sauvages.

Les usages auxquels on emploie le cuir de bœuf sont très variés; un grand nombre d'arts, de fabriques et de manufactures ne sauraient s'en passer; tels sont l'art du cordonnier, du bourrelier, du carrossier, etc., etc. Les peaux de veau sont d'un grand usage dans la reliure des livres, dans la fabrication des souliers, des meubles, et une foule d'autres objets. Le poil est employé pour rembourrer les selles, les colliers de chevaux, les meubles. On en fabrique des tapis de pied, des couvertures; on le mélange avec la chaux pour former des plafonds et des crépis de muraille. La corne sert à faire des peignes, des boîtes, des écritoires et différens objets travaillés au tour. En faisant chauffer la corne, on obtient des plaques transparentes, et préférables au verre pour les lanternes.

La graisse de bœuf est mêlée avec le suif de mouton dans la fabrication des chandelles. Elle sert à assouplir les cuirs, et à enduire les essieux des voitures. La colle forte se fabrique avec les cartilages, les nerfs et les tendons des bœufs, et les rognures de leur peau que l'on dissout dans l'eau mise en ébullition. On la divise par tranches minces après l'avoir fait épaissir, et on la sèche à l'air. On a trouvé dans ces derniers temps le moyen d'extraire des os une substance connue sous le nom de gélatine, qui est de même nature que la colle forte, et que l'on emploie au même usage. La gélatine reçoit cependant une application bien plus importante puisqu'elle donne une substance alimentaire très nutritive, très saine et à très bon marché. M. Darcet, qui a rendu de si grands services à l'industrie française en appliquant ses profondes connaissances chimiques au perfectionnement des arts et des fabriques, a trouvé le moyen d'extraire la gélatine contenue en grande abondance dans les os des animaux. Les os étant composés de gélatine et de matière calcaire, il est parvenu à extraire en totalité cette dernière matière, de sorte que l'os, sans perdre sa forme, ne conserve que la gélatine, qui alors se dissout facilement dans l'eau bouillante. Il suffit, pour obtenir ce résultat, de laisser pendant quelque temps les os dans de l'acide chlorique, que l'on retire du sel marin ordinaire, et qui a la propriété de dissoudre la chaux ou matière calcaire qui entre dans la composition des os. On est aussi parvenu dans ces derniers temps à faire avec les os ce qu'on nomme charbon animal; ce charbon est employé avec grand avantage dans la clarification du sucre, opération qui ne s'exécutait auparavant qu'en faisant bouillir dans de grandes chaudières le sucre brut mélangé avec du sang de bœuf.

On emploie de temps immémorial à l'engrais des terres, aux environs de la ville de Thiers, département du Puy-de-Dôme, les rognures d'os provenant de la fabrication des manches de couteaux. Plusieurs cultivateurs français et anglais, ayant reconnu la puissance de cet engrais, en ont introduit l'usage dans la culture de leurs terres. Pour que ces os produisent leur effet, il est nécessaire de les réduire en très petits fragmens.

Les os de bœufs sont aussi employés sur le tour pour la confection des boutons, et pour celle d'un grand nombre de petits meubles ou instrumens.

Le sang de bœuf entre dans la composition de la couleur connue sous le nom de bleu de Prusse.

Le fiel du même animal, qui jouit d'une qualité savonneuse, trouve un emploi dans différens arts. Les teinturiers s'en servent pour nettoyer les étoffes avant de les teindre; les dégraisseurs, pour détacher les vêtemens; les peintres, pour relever les couleurs des tableaux, etc.

Enfin il n'est pas jusqu'aux boyaux de ce précieux animal qui ne trouvent un emploi utile entre les mains des batteurs d'or; sa vessie sert aussi à différens usages.

Nous ne devons pas oublier, avant de terminer l'histoire du bœuf, de rapporter un usage auquel l'homme qui s'égare si souvent loin de la nature a soumis des animaux inoffensifs. Mais l'histoire, qui publie les belles actions pour nous servir d'exemples, doit rappeler également celles qui déshonorent l'humanité, et les vouer à notre mépris, afin de nous en détourner.

De tous temps, chez les nations barbares ou peu civilisées, les gouvernemens politiques, voulant inspirer au peuple des mœurs féroces, ou cherchant à leur déguiser l'état de misère et d'oppression sous lequel ils gémissent, ont permis, et même encouragé, les combats particuliers d'homme à homme, de bêtes à bêtes, ou ceux des hommes contre les animaux féroces. Ainsi les Romains donnaient au peuple des spectacles où coulait le sang des gladiateurs. Ils faisaient venir à grands frais, d'Afrique, des lions, des tigres, des rhinocéros, des hiènes, et d'autres animaux, qui se déchiraient entre eux, ou qui combattaient contre les hommes. L'Espagne se complaît à voir le courage humain aux prises avec la fureur et l'impétuosité du taureau sauvage; le peuple s'amuse à faire battre les béliers entre eux. On donne dans ce pays, comme en Angleterre, des combats de coqs, qui ne sont pas moins cruels que les précédens, quoiqu'ils ne soient pas aussi terribles. Dans ce dernier pays les combats à coups de poing sont tenus à honneur, comme ceux à coups d'épée ou de pistolet le sont dans toute l'Europe. En France, en Angleterre et dans d'autres parties du continent que nous habitons, la populace se plaît encore à voir combattre des chiens les uns contre les autres, ou contre des taureaux. Les Chinois, avec leur civilisation à demi éclose, ont surpassé les autres peuples dans l'art d'exciter les animaux au combat. Outre les coqs, les chiens, les taureaux et d'autres animaux féroces qu'ils emploient à ce genre d'amusement, ils ont su y dresser les cailles et même les grillets. Ce divertissement plaît même aux femmes de ce pays, qui élèvent dans des cages ces oiseaux et ces insectes, afin de les faire combattre chaque espèce l'une avec l'autre. Une dame chinoise, allant en visite chez son amie, porte avec elle une boîte où elle tient ses grillets ou un sac où elle renferme sa caille. Après avoir échangé quelques paroles d'usage sur la pluie ou le beau temps, et avoir débité les nouvelles du voisinage, la visiteuse place sur la table sa caille ou son grillet, qui attaque immédiatement l'adversaire que lui présente la dame du logis. Ces combats, quoique moins sanglans que ceux des bêtes féroces, ne se terminent que par la meurtrissure ou la privation de quelques membres de ces héroïques gladiateurs; heureux si l'un des deux n'y trouve la mort.

Mais venons aux combats de taureaux qui ont lieu non-seulement dans presque toutes les villes d'Espagne, mais aussi dans les campagnes. Il y a dans plusieurs endroits de grands cirques disposés en gradins pour placer les spectateurs. Celui de Madrid en contient dix mille. Le peuple a une telle passion pour ce genre de spectacle, que les représentations, qui ont lieu aux différentes époques de l'année, sont suivies avec une espèce de fureur. Les indigens eux-mêmes mettent souvent en gage leurs haillons afin de se procurer l'argent nécessaire pour y être admis. La brutalité qui caractérise le bas peuple en Espagne doit être attribuée à ce genre de spectacle féroce et dégoûtant.

L'ardeur que les Espagnols ont pour ces combats portait souvent des particuliers à descendre dans l'arène pour y prendre part. C'est ce qui a fait rendre une ordonnance qui condamne à recevoir cinquante coups de fouet quiconque franchirait la barrière. Cette ordonnance est proclamée avant l'ouverture du combat. Aussitôt deux combattans à cheval, que les Espagnols nomment *picadores*, parce qu'ils sont armés d'une pique longue de dix pieds, paraissent dans l'arène avec deux *tauradéores* à pied, munis d'une petite pièce de drap rouge ou d'un manteau de cette couleur. On fait alors entrer le taureau, sur le garrot duquel on a fixé un ruban de couleur, au moyen d'un petit harpon qu'on lui fait entrer dans la peau. Le taureau en paraissant dans l'arène s'arrête un instant, en portant les regards sur tout ce qui l'entoure; et il se jette ensuite avec fureur sur l'un des picadores qui, monté sur son cheval, l'attend sans bouger et lui présente le bout de sa pique au-dessus du col. Une douzaine de tauréadores se répandent alors sur divers points de l'arène, prêts à secourir le picador s'il vient à courir quelque danger. Le taureau, arrêté par la pointe enfoncée dans son col, recule quelquefois et se jette sur un tauréador, qui est un ennemi moins dangereux pour lui, puisqu'il n'a d'autres armes qu'un manteau rouge. Celui-ci, se voyant poursuivi, laisse traîner par terre son manteau qu'il tient par l'un des bouts afin d'arrêter la marche du taureau. En effet, cet animal frappe de ses cornes le manteau, le foule sous ses pieds, ce qui donne le temps au tauréador de gagner la barrière et de la franchir pour se soustraire à la fureur de son ennemi. Lorsque les taureaux sont de bonne race, ils ne se laissent pas arrêter par l'effet de la pique que le cavalier tient ferme sur leur col; ils foncent, font céder le cheval, le poussent contre la barrière; lui fendent le ventre d'un coup de corne, et l'enlèvent en l'air avec le picador; celui-ci, pour éviter le danger pressant où il se trouve, se penche sur la barrière, la saisit, et se jette en dehors après s'être débarrassé de son cheval, sur lequel il monte de nouveau, lorsqu'il reste encore un reste de vie à ce pauvre animal. Les tauréadors accourent lorsque le taureau pousse trop vivement son adversaire; ils le provoquent, placés à une certaine distance, et sautent au-dessus de la barrière. Le taureau se porte alors sur un autre combattant, et principalement sur le picador, qui l'attend la lance en arrêt, et s'oppose de son mieux aux efforts que fait l'animal pour le renverser. Les picadores, pour affaiblir les coups de corne que peut leur porter le taureau, ont les jambes et les cuisses revêtues de plaques de tôle. Ils le reçoivent toujours en face, afin qu'eux-mêmes et leurs chevaux aient plus de force et de stabilité pour résister à leur choc. Le taureau, après plusieurs attaques infructueuses, se rebute et cesse de se jeter sur les combattans; les tauréadores alors l'entourent, l'agacent et l'excitent avec leurs manteaux, tandis que l'un d'eux fuit pour l'éviter en laissant traîner son manteau; les autres le harcellent de toutes parts, pour donner à leur camarade le temps de sauter au-dessus de la barrière, ou d'y pénétrer par une ouverture dans laquelle le taureau ne peut entrer. Dans le cas où le tauréador se voit suivi de trop près, il se tire d'affaire en jetant son manteau sur la tête de l'animal, qui ne voyant plus rien s'arrête, secoue la tête, pour se débarrasser de ce voile incommode, et donne ainsi à son adversaire le temps de lui échapper. On voit souvent des taureaux tellement en fureur qu'ils sautent par-dessus la barrière dans une enceinte entourée d'une seconde barrière extérieure, contre laquelle se trouvent les spectateurs. On les fait alors rentrer dans l'arène en ouvrant une porte pratiquée à cet effet. On a même l'exemple d'un taureau qui, après avoir franchi la première barrière, s'élança sur la seconde surmontée par des cordes tendues à la hauteur de sept à huit pieds, et pénétra jusqu'aux gradins sur lesquels étaient assis les spectateurs; ceux-ci, remplis d'épouvante, se jetèrent les uns sur les autres, afin de lui laisser le passage libre. Cet animal furieux s'échappa heureusement par une porte voisine et parcourut les rues de Madrid sans faire d'autre mal que de terrasser un âne qui se trouvait sur son passage.

Lorsque le taureau, après avoir tué un ou plusieurs chevaux, est fatigué du combat, et qu'il ne répond pas aux provocations qui lui sont faites par les tauréadores, les spectateurs poussent alors de grands cris, battent des mains, sifflent, l'accablent d'injures, en lui donnant les épithètes de *piccaron*, lâche, *birbon*, misérable, et autres encore plus énergiques. Le peuple n'est pas plus indulgent pour les picadores et les tauréadores que pour le taureau, lorsqu'ils ne se présentent pas avec résolution et courage devant leur redoutable adversaire. Il les accable des injures les plus grossières, en employant même des mots obscènes. Voilà l'éducation publique que donnent les despotes à un peuple qu'ils abrutissent afin de le mieux gouverner. Les spectateurs crient *fuera, fuera*, dehors, dehors. C'est surtout les femmes de mauvaise vie qui se signalent dans ce genre d'acclamations. Si le taureau au contraire montre beaucoup de courage et de persévérance dans l'attaque, les applaudissemens de *bravo tauro*, retentissent de toute part, ce qui a lieu également pour les combattans bipèdes, c'est-à-dire pour les picadores et tauréadores.

Tous les taureaux ne sont pas également courageux. Il y en a qui refusent d'attaquer, lorsqu'ils ont été blessés d'un coup de pique. D'autres au contraire reviennent jusqu'à dix et quinze fois à la charge. Les plus dangereux sont ceux qui, sans beaucoup se soucier de la pique qu'on leur oppose, fondent sur le cheval jusqu'à ce qu'ils l'aient atteint de leurs cornes; souvent ils jettent le cheval et le cavalier contre la barrière, ou les renversent l'un sur l'autre. Le picador reçoit quelquesfois de graves contusions, et deviendrait promptement la victime de son ennemi, si les tauréadores n'accouraient promptement à son secours, en faisant voltiger leurs manteaux auprès du taureau. Alors celui-ci abandonne l'ennemi qu'il a terrassé pour se porter vers ses nouveaux agresseurs. Pendant ce temps les autres tauréadores débarrassent leur camarade et l'aident à se jeter en dehors de l'arène. Les cavaliers se tiennent toujours le plus près possible de la barrière, afin que, dans le cas très fréquent de la mort de leurs chevaux, ils puissent la franchir promptement, et pour ne pas être pris par derrière ou en flanc par le taureau qui, dans cette position, en aurait bon marché; car le cavalier ne pourrait pas se servir utilement de sa lance. Lorsque le taureau refuse d'attaquer son antagoniste, celui-ci avance, recule, et le touche du bout de sa lance, afin de le provoquer.

Les chevaux dont on se sert dans ces combats sont vieux et usés. On leur bande les yeux, afin que ne voyant pas le taureau ils soient moins épouvantés. La docilité et la constance de ces pauvres animaux, victimes immolées au plaisir barbare d'un peuple endurci, est poussée à un point incroyable. Le ventre ouvert par les coups de corne qu'ils ont reçus, ils obéissent aux ordres de leurs cavaliers, et quoique leurs boyaux traînent à terre, ils marchent, ils avancent jusqu'au moment où ils tombent morts. Le cavalier, pour les débarrasser du poids de leurs entrailles que ces malheureux animaux sont obligés de traîner après eux, les perce à coups de pique pour en faire sortir les matières qu'elles contiennent. Ces boyaux, qui ressortent de plusieurs aunes, sont foulés sous les pieds du cheval blessé, qui quelquefois résiste dans cet état pendant une demi-heure et même plus long-temps. Le cavalier, connaissant par les frissonnemens du cheval l'instant où il doit cesser d'exister, descend immédiatement, et monte sur un autre cheval auquel est réservé le même sort. L'auteur de cet ouvrage a vu avec horreur, dans un seul combat, périr quinze chevaux et onze taureaux. Il avait heureusement refusé, dans une autre circonstance, de se rendre à un combat de taureaux dans une ville d'Andalousie, où un homme fut tué et un autre très dangereusement blessé. Comment un roi qui se dit très chrétien peut-il, je ne dirai pas tolérer, mais encourager par sa présence des combats aussi barbares? car le roi d'Espagne avec sa famille assiste à ces spectacles. Les religieuses mêmes se permettaient autrefois ce genre de récréation. Les moines n'y ont pas encore renoncé; nous en avons vu plusieurs qui paraissaient y prendre un grand plaisir. Il n'est pas étonnant que dans un pays où l'on fait si peu de cas de la vie des hommes, les assassinats soient plus communs que partout ailleurs.

Le taureau, après avoir combattu pendant quelque temps sans succès, cesserait d'attaquer ses adversaires, si on ne trouvait moyen de l'irriter de nouveau. A cet effet les tauréadores, tenant d'une main leur manteau et de l'autre des banderilles, voltigent autour de lui et cherchent à lui enfoncer sur le dos ou sur le col ces banderilles, qui sont des baguettes de bois entourées de rubans de papier de différentes couleurs, et au bout desquelles est un fer pointu à crochet, qui, enfoncé dans la peau de l'animal, y reste attaché. Lorsque le taureau baisse la tête pour frapper son adversaire, le tauréador lui enfonce sur le col une banderille, en se jetant sur le côté afin d'éviter le coup de corne. On lui en attache ainsi successivement un certain nombre, ce qui l'agite prodigieusement et le met en fureur; il bondit, il court, et se porte, tantôt d'un côté, tantôt de l'autre, vers ses adversaires, qui l'évitent en fuyant ou en franchissant la barrière lorsqu'ils sont vivement poursuivis. Ce malheureux animal, excédé des tourmens qu'on lui fait subir, se retire contre la barrière, jusqu'au moment où le *matador* paraît dans l'arène, l'épée d'une main et de l'autre une baguette à laquelle est fixée une pièce de drap rouge. On appelle ainsi celui qui doit tuer le taureau. Il présente à cet animal la pièce de drap, ayant soin de se tenir de côté, et il saisit, lorsque le taureau baisse la tête pour frapper, le moment favorable pour lui plonger sa large épée sur l'extrémité du col, un peu au-dessus du garrot. L'action de l'animal qui se porte en avant en levant la tête, facilite l'entrée du glaive, qui tantôt pénètre jusqu'à la garde, tantôt jusqu'à la moitié de sa longueur. Le taureau, lorsqu'il n'est pas tué sur le coup, parcourt l'arène en cherchant à se débarrasser de cette épée qui vibre au dehors de son corps. Le matador tâche de l'enlever, afin de la plonger de nouveau. La grande habileté consiste à abattre le taureau du premier coup; et quand cela arrive, le matador reçoit des applaudissemens vifs et prolongés de la part des spectateurs. Dans le cas contraire, le taureau dégoûtant de sang et accablé de fatigue, se couche dans l'arène contre l'enceinte, et reste dans cette attitude jusqu'à ce qu'un des combattans vienne, avec un fort stylet, le frapper sur la nuque non loin des cornes. Cette attaque présente du danger, car le taureau peut se relever, fondre sur son ennemi et l'écraser. Lorsque l'animal est mis à mort du premier coup de stylet, alors les applaudissemens retentissent de toutes parts. Il entre immédiatement dans l'arène trois mules qui entraînent le taureau au moyen d'une corde attachée à ses cornes. Il en est de même pour les chevaux qui succombent dans le combat. On introduit immédiatement un autre taureau, et les mêmes combattans se mesurent de nouveau avec lui; et on continue ainsi jusqu'à ce que l'on ait sacrifié plusieurs victimes à la férocité du peuple. Le spectacle est d'autant plus beau et plus intéressant que le nombre des taureaux et des chevaux restés sur le champ de bataille est plus considérable.

HISTOIRE NATURELLE

ET ÉCONOMIQUE

DU BUFFLE.

Le buffle est du même genre que le bœuf, et il a avec lui beaucoup de ressemblance. Il est cependant plus ramassé, plus fort; il a la tête plus grosse, les jambes plus membrues, le col sans fanon, les cornes noires, grosses et comprimées; le poil de couleur noirâtre, et plus rude que celui du taureau.

Il tire son origine de l'Asie; il est très répandu dans quelques cantons de cette partie du monde, en Afrique, et en Chine où il est employé au labourage et à d'autres travaux. On le trouve surtout le long des rivières, dans les pays marécageux; il aime beaucoup l'eau et s'y tient plongé des heures entières, laissant sortir son museau, afin de pouvoir respirer. Il se plaît dans les pays chauds; aussi le trouve-t-on sous la zone torride; et ainsi que l'a observé un naturaliste, les plus gros animaux, tels que l'éléphant, le rhinocéros, l'hippopotame, auxquels on peut joindre le buffle, se rencontrent sous cette zone.

Il existe des buffles sauvages dans quelques lieux boisés et marécageux de l'Asie et de l'Afrique, le long des rivières. Ils se réunissent par troupeaux et n'attaquent point l'homme, à moins qu'ils ne soient attaqués eux-mêmes. Les nègres de Guinée chassent les buffles en se postant sur des arbres, d'où ils leur décochent des flèches, car ils n'osent les attaquer de front. Ils vendent les peaux, et réservent pour eux la chair qu'ils mangent avec plaisir; la langue est un mets très délicat.

« Le buffle, dit Buffon, est d'un naturel plus dur et moins traitable que le boeuf; il obéit plus difficilement; il est plus violent; il a des fantaisies plus brusques et plus fréquentes; toutes ses habitudes sont grossières et brutes; il est, après le cochon, le plus sale des animaux domestiques, par la difficulté qu'il met à se laisser panser. Sa figure est grossière et repoussante, son regard stupidement farouche; il a la vue très faible, il voit mieux la nuit que le jour; il avance ignoblement son cou et porte mal sa tête, presque toujours penchée vers la terre; sa voix est un mugissement épouvantable, d'un ton beaucoup plus fort encore et beaucoup plus grave que le taureau; il a les membres maigres, la queue nue, le museau noir comme les poils et la peau. Cet animal aime beaucoup à se vautrer, même à séjourner dans l'eau; il nage très bien et traverse hardiment les rivières les plus rapides; comme il a les jambes plus longues que le bœuf, il court aussi plus légèrement sur la terre. »

On croit que le buffle a été introduit en Italie vers le septième siècle. Il est élevé aujourd'hui dans plusieurs endroits du royaume de Naples, des Etats du pape et de la Toscane. On en trouve des troupeaux le long du Tibre et dans les Maremmes. On le destine au labourage des terres, mais surtout à tirer les lourds fardeaux, car il est plus fort que le bœuf, et ne se rebute jamais quelque obstacle qu'il rencontre; mais il est bien moins docile et moins traitable, d'autant plus qu'on le laisse vivre au milieu de terrains inhabités, dans un état à demi sauvage; il entre rarement à l'étable. Pour maîtriser et diriger les buffles, on leur perce le cartilage qui se trouve entre les deux naseaux; on y fait passer un anneau de fer auquel on attache une corde; ils sont ainsi obligés de céder à la volonté de leur conducteur. On les renvoie dans la campagne après qu'ils ont exécuté le travail auquel on les soumet habituellement. Ainsi, l'entretien de cet animal est presque nul, lorsqu'on peut le laisser errer parmi les terrains couverts de plantes grossières et aquatiques ou de broussailles.

On a introduit les buffles en Espagne, plutôt par une espèce de fantaisie que pour les propager et en tirer parti pour la culture des champs. Nous avons vu, dans ce pays, ces animaux qui n'avaient pas l'air sauvage et dangereux comme ceux que nous avons rencontrés dans les Maremmes des états du pape. On a aussi essayé de les introduire en France. On en avait tiré un certain nombre d'Italie il y a trente-cinq ans; ils s'étaient propagés dans la ferme de Rambouillet; mais comme ces animaux ne pouvaient rendre aucun service à l'agriculture dans cette partie de la France, et qu'on ne trouvait pas d'acquéreurs, on en a laissé éteindre la race.

Outre l'utilité des buffles comme bêtes de trait, les Italiens retirent encore un bon profit de leur lait; ils en font une espèce de fromage très recherché dans le pays.

Sa chair, quoique très peu estimée en Italie, alimente cependant le peuple indigent. Les Juifs de Rome en font une grande consommation. Sa peau, forte, épaisse et élastique, reçoit différentes préparations; elle est surtout employée sous le nom de buffle après avoir été chamoisée.

www.ingramcontent.com/pod-product-compliance
Lightning Source LLC
LaVergne TN
LVHW012016160826
845678LV00002B/863